Rayan Oniel González Moya

Aislamiento y patogenicidad del mal seco en quequisque

Rayan Oniel González Moya

Aislamiento y patogenicidad del mal seco en quequisque

Métodos de aislamiento y patogenicidad de agentes asociados al mal seco en quequisque Xanthosoma violaceum en Nicaragua

Editorial Académica Española

Imprint
Any brand names and product names mentioned in this book are subject to trademark, brand or patent protection and are trademarks or registered trademarks of their respective holders. The use of brand names, product names, common names, trade names, product descriptions etc. even without a particular marking in this work is in no way to be construed to mean that such names may be regarded as unrestricted in respect of trademark and brand protection legislation and could thus be used by anyone.

Cover image: www.ingimage.com

Publisher:
Editorial Académica Española
is a trademark of
Dodo Books Indian Ocean Ltd. and OmniScriptum S.R.L publishing group

120 High Road, East Finchley, London, N2 9ED, United Kingdom
Str. Armeneasca 28/1, office 1, Chisinau MD-2012, Republic of Moldova, Europe
Managing Directors: Ieva Konstantinova, Victoria Ursu
info@omniscriptum.com

Printed at: see last page
ISBN: 978-620-0-03221-8

Métodos de aislamiento y patogenicidad de agentes asociados al mal seco en quequisque (*Xanthosoma violaceum.*) en Nicaragua

AUTOR

Ing. Rayan Oniel González Moya

ASESORES

MSc. Heeidy Guadalupe Corea Narváez

PhD. Guillermo del Carmen Reyes Castro

Managua, Nicaragua

ÍNDICE DE CUADROS

RESUMEN

El mal seco causado por *Pythium myriotylum* Drechsler es la enfermedad más destructiva del quequisque, éste persiste en el suelo por muchos años. Los métodos para su aislamiento han sido muy laboriosos, por lo que se deben buscar técnicas de aislamiento y medios selectivos utilizando eficientemente los reactivos para la obtención de cultivo puro del patógeno. Se utilizaron tres métodos de aislamiento de *Pythium* a partir de hojas de quequisque como cebos (HQC), raíces infectadas (RS) y diluciones de suelo (DS); en los medios de cultivos Agar agua + sulfato de estreptomicina (AA+SE), Papa Dextrosa Agar (PDA) y V8 + Piramicina, Ampicilina, Rifampicina y Benomil (PARB) y el medio Cloruro de tetrazolio (TZC), para bacterias. Para cada método de aislamiento se usaron 20 platos por medio y 5 hojas-cebos o raíces por plato. La identificación morfo-métrica de los microorganismos aislados, se realizó usando claves taxonómicas La patogenicidad; consistió en la inoculación al sustrato estéril los diferentes aislados patogénicos. Se evaluaron siete tratamientos y un testigo en 15 plantas obtenidas *in vitro* por tratamiento, en el cultivar de quequisque Lila. Los síntomas en hojas, severidad en raíces y variables de crecimiento se realizó a los 7, 21 y 35 días después de la inoculación (ddi) Los patógenos aislados fueron *Pythium myriotylum*, *Fusarium solani* y *Ralstonia solanancearum*. *Pythium* spp., desarrolló mejor crecimiento micelial y producción de sus estructuras fructíferas con el método HQC y en el medio de cultivo V8 + PARB. *Fusarium* spp. desarrolló mejor en el método de DS y en el medio de cultivo PDA. La patogenicidad de *P. myriohtylum* se observó desde los siete hasta los 35 ddi, mostrando diferencias significativas en todas las variables evaluadas con excepción de largo de raíces. La severidad en raíces en los tratamientos donde se encontraba *P. myriothylum*, mostraron mayor número de raíces necróticas y marchitamiento radicular, considerándose el agente causal del mal seco en quequisque.

Palabras claves: Cebos de hoja, Patógenos asociados, Postulado de Koch

ABSTRACT

The root rot disease caused by *Pythium myriotylum* Drechsler is the most destructive disease in quequisque, it persists in the soil for many years. The methods for their isolation have been very laborious, so it is necessary to look for isolation techniques and selective means efficiently using the reagents to obtain pure culture of the pathogen. Three methods of isolation of *Pythium* were used baits of quequisque leaves (HQC), infected roots (RS) and soil dilutions (DS); in the culture media Agar water + streptomycin sulfate (AA + SE), Papa Dextrose Agar (PDA) and V8 + Piramicin, Ampicillin, Rifampin and Benomyl (PARB) and the medium Tetrazolium Chloride (TZC), for bacteria. For each method of isolation 20 dishes were used per medium and 5 leaves-baits or roots per dish. The morpho-metric identification of the isolated microorganisms was done using taxonomic keys Pathogenicity; consisted of inoculating the different pathogenic isolates into the sterile substrate. Seven treatments and one control were evaluated in 15 plants obtained *in vitro* by treatment, in the cultivar of quequisque Lila. The symptoms in leaves, root severity and growth variables were carried out at 7, 21 and 35 days after inoculation (dai). The isolated pathogens were *Pythium myriotylum, Fusarium solani* and *Ralstonia solanancearum. Pythium* spp., the best mycelia growth and production of its fruiting structures with the HQC method and in the culture medium V8 + PARB. *Fusarium* spp. developed better in the DS method and in the PDA culture medium. The pathogenicity of *P. myriohtylum* was observed from seven to 35 dai, showing significant differences in all the variables evaluated except for the length of roots. The root severity in the treatments where *P. myriothylum* was found, showed a higher number of necrotic roots and root wilt, being considered the causal agent of the dry disease in quequisque.

Keywords: Leaf baits, Associated pathogens, Koch postulate

I.   INTRODUCCIÓN

El quequisque (*Xanthosoma violaceum.*) miembro de la familia *Araceae* y nativo de América tropical y subtropical, ha sido cultivado desde la época precolombina (López *et al.*, 1995). De acuerdo con Reyes *et al.* (2013) los cormelos de quequisque son consumidos de diversas maneras por sus altos contenidos de carbohidratos y mayor contenido de proteínas que las demás raíces y tubérculos.

El mal seco es la enfermedad más destructiva del quequisque a nivel mundial (Tambong *et al.*, 1998; Saborío *et al.*, 2004) puede causar pérdidas de 70-80% del rendimiento (Folgueras *et al.*, 2015) o totales (Saborío *et al.*, 2004, Acebedo y Navarro, 2010). De acuerdo con Reyes (2006) y Reyes *et al.*, (2013) los síntomas son crecimiento lento, clorosis y necrosis de las hojas más viejas, las hojas jóvenes presentan color verde pálido y en casos severos las hojas se doblan en forma de arco y reducción o eliminación del sistema radicular. Los síntomas aéreos son visibles a los 3-4 meses después de la siembra del cultivo, en casos severos a los 2-3 meses. El patógeno persiste en el suelo por muchos años y según Nzietchueng (1984) se disemina a través del suelo y el material de propagación. Las afectaciones en el campo se focalizan en áreas dónde las plantas no se desarrollan o han muerto. Según Saborío *et al.* (2004) una vez que los suelos son infectados no pueden ser cultivados nuevamente por la sobrevivencia del agente causal en el suelo.

De acuerdo con Reyes (2006) y Saavedra y Reyes (2014) en Nicaragua el mal seco está presente en las zonas de producción para exportación (Nueva Guinea, El Rama, Río San Juan) y se reporta ya en zonas no tradicionales de la Región Central. En la década de los ochenta el incremento de la demanda internacional de quequisque motivó a los productores de Nueva Guinea, El Rama y Río San Juan sembrar pequeñas áreas para exportación, lo que se logró con éxito. En los años subsiguientes las áreas de producción se incrementaron hasta llegar al máximo de 30 mil hectáreas sembradas en 2001. Para incrementar las áreas de siembra los productores del trópico húmedo utilizaron semilla proveniente de Costa Rica, donde se reportaba la enfermedad. Como consecuencia se introdujo el mal seco y se contaminaron los suelos. Actualmente el cultivo se ha trasladado a la frontera agrícola del trópico húmedo donde se obtienen buenos rendimientos por no más de dos ciclos seguidos.

Los agricultores luego abandonan el área para continuar la producción en suelos libres de la enfermedad, encareciendo la producción y contaminando los suelos sanos.

Diferentes patógenos se han reportado estar asociados al mal seco; *Rhizoctonia* (Giacometti y León, 1994), *Sclerotium rolfsii* (Bejarano-Mendoza *et al.*, 1998) y *Fusarium* spp. (Saborío *et al.*, 2004) y un complejo de hongos más recientemente reportado por Folgueras *et al.*, (2015) en Cuba. Otros estudios reportan *Pythium myriotylum* como único agente causal de la enfermedad (Nzietchueng, 1984; Pacumbaba *et al.*, 1992; Tambong *et al.*, 1999). En Nicaragua Rodríguez y Ramírez (2012) respaldan esta aseveración, aislando *Pythium myriotylum* de cortes de raíces que presentaban síntomas recientes de la enfermedad en el medio de cultivo agar con harina de maíz más los antibióticos Pimaricina, Ampicilina y Rifampicina. Tambong *et al.*, (1999); Olorunleke *et al.*, (2014) y Perneel *et al.*, (2006) también aislaron el patógeno de raíces que presentaban secciones manchadas o necróticas en medio de cultivo agar agua más antibiótico (Estreptomicina).

La metodología normalmente utilizada en Nicaragua en el aislamiento de *P. myriotylum* es muy laboriosa lo que conlleva a buscar métodos más prácticos y medios de cultivos selectivos en la captura de *P. myriotylum* a partir de suelo infectado sin necesidad de que la planta esté viva. Ciertos estudios reportan la utilización de cebos de diferentes partes de plantas en la captura de Oomicetes a partir de suelo. Sinobas *et al.,* (1999) capturó *Pythium* spp. a partir de suelo empleando cebos de pétalos de clavel *(Dianthus caryophyllus* L.), Anaya y Aguilar (2009) utilizaron frutos de chiltoma (*Capsicum annum* L.). En este trabajo se utilizaron diferentes métodos de aislamiento de *Pythium myriotylum* a partir de cebos de hojas de quequisque, de raíces con síntomas y de dilución de suelo en diferentes medios de cultivos, además se aislaron los patógenos que tuvieron asociación directa con la enfermedad y se verificó cuál de ellos es el causante del mal seco en quequisque mediante una prueba de patogenicidad utilizando los postulados de Koch.

II.   OBJETIVOS

2.1.   Objetivo general

- Evaluar métodos de aislamiento y la patogenicidad de agentes asociados al mal seco en quequisque (*Xanthosoma* violaceum.) en Nicaragua.

2.2.   Objetivos específicos

- Determinar el agente causal de mal seco en quequisque en Nicaragua a través de prueba de patogenicidad en invernadero.
- Seleccionar el método que facilite el aislamiento del agente causal del mal seco en el cultivo del quequisque.

III. MATERIALES Y MÉTODOS

3.1. Recolección de muestras

Se recolectaron plantas voluntarias de quequisque con síntomas de la enfermedad con parte de suelo de 2 fincas de Río plata, Nueva Guinea en áreas comerciales y con antecedentes de mal seco. Las muestras se procesaron en el laboratorio de micología de la UNA. Se aislaron los patógenos relacionados con el mal seco. Se registraron las características morfológicas de los hongos y bacterias.

3.2. Métodos de aislamientos de patógenos asociados al mal seco

Para aislar los patógenos que tuvieran asociación con la enfermedad del mal seco se utilizaron diferentes métodos, a continuación, se describen:

3.2.1. Diluciones seriadas de suelo (DS)

Del suelo colectado de las fincas de Nueva Guinea se tomó 10 g de suelo en 90 ml de agua destilada estéril se agitaron y se realizaron diluciones seriadas descritas por Germida y de Freitas (2008) y Martínez Francés *et al.*, (2009). De las series 10^{-3} y 10^{-4} se tomó 200 µl y se depositaron en platos Petri conteniendo los medios de cultivos evaluados (Cuadro 4).

3.2.2. A partir de raíces con síntomas de mal seco (RS)

Se cortaron raíces jóvenes de 0.5 cm de largo que mostraban pequeñas manchas necróticas, se lavaron con agua destilada estéril, se pasaron por hipoclorito de sodio ($NaCl_3$) y se colocaron en los medios de cultivo para su crecimiento.

3.2.3. A partir de suelo utilizando hojas de quequisque como cebo (HQC)

Se utilizó la metodología de Almara-Sanchez *et al.*, (2012) y Temgo y Tong (1997) modificadas, trozos de hojas sanas de quequisque de 0.2 cm^2 aproximadamente se esterilizaron al colocarlas en un horno de 72-96 horas a 60 °C y 15 min en luz ultravioleta.

100 g de muestra de suelo se diluyeron por agitación en 300 ml de agua estéril. Se eliminaron raíces y materia orgánica flotante, luego se dejaron reposar por 10 minutos. Se colocaron los trozos de hojas estériles y se incubaron por 72 horas a 28 °C por ser esta la temperatura óptima para el crecimiento de *Pythium myriotylum*

según Perneel *et al.*, (2006). Se extrajeron los cebos de la solución de suelo, se lavaron con agua estéril, se secaron en papel filtro y se colocaron en los medios de cultivos.

3.3. Medios de cultivos utilizados en el aislamiento de hongos fitopatógenos

- Papa dextrosa agar (PDA), medio ampliamente utilizado para el crecimiento de hongos fitopatógenos (Cañedo y Ames, 2004)

- Agar agua más sulfato de estreptomicina (AA+SE), utilizado por Tambog *et al.*, (1999), Olorunleke *et al.*, (2014), Perneel *et al.*, (2006) y Nyochemberg *et al.*, (2002).

Medio de cultivo	Ingredientes	Concentración	Antibióticos	Concentración
(PDA)	Papa dextrosa agar	39 g l^{-1}	---	---
(AA+SE)	Agar	15 g l^{-1}	Sulfato de estreptomicina	400 mg l^{-1}
(V8+ PARB)	Jugo V8	100 ml l^{-1}	Piramicina	400 µl l^{-1}
	H_2O	900 ml l^{-1}	Ampicilina	250 mg l^{-1}
	$CaCO_3$	1.75 g l^{-1}	Rifampicina	20 mg l^{-1}
	Betasitosterol	0.05 g l^{-1}	Benomil	20 mg l^{-1}

- V8 más Piramicina, Ampicilina, Rifampicina y Benomil (PARB) modificado de Rodríguez y Ramírez (2012), Gómez-Alpízar *et al.*, (2011) y Steiner (1981).

Cuadro 1. Composición de medios de cultivo utilizados en el aislamiento de patógenos asociados al mal seco a partir diluciones seriadas, raíces con síntomas y de hojas de quequisque como cebo.

3.4. Identificación, caracterización, prueba de patogenicidad y preparación inóculo de *Pythium myriotylum*

La identificación se basó en las características morfológicas del oomicete descritas por Van der Plaats-Niterink (1981), Ali-Stayeh (1986) y Waterhouse y Waterston (1966). Se consideró la cantidad y diámetro de oogonios, número de anteridios por oogonios, tipo de hifas, crecimiento micelial.

Los aislados de *Pythium myriotylum* que presentaron mayor crecimiento micelial y mayor número de características morfológicas, se inocularon en el medio de cultivo

V8+PARB y se incubó a 28 °C durante 5 días, después se mezcló con agua destilada estéril durante 2 minutos. Se ajustó la solución a la concentración 1 x 10^3 oogonios ml^{-1} siguiendo la metodología de Djeugap *et al.* (2015).

3.5. Identificación, caracterización, prueba de patogenicidad y preparación inóculo de *Fusarium solani*

Se observó el crecimiento *Fusarium solani* en los diferentes medios de cultivos y se describieron las características morfológicas según metodología de Seifert (1996) y Hafizi *et al.* (2013). Se consideró el color y pigmentación de la colonia, rango de crecimiento, morfología de las macroconidias, número de septos.

Antes de realizar la inoculación en quequisque de *Fusarium solani* aislado se comprobó su patogenicidad en plantas de melón con 15 días de desarrollo después de la siembra en macetas. El inóculo se preparó en una solución madre y se aplicó 1 ml de esta solución en plántulas de melón realizando dos huecos al lado de la planta de tal manera que las raíces quedaran descubiertas y se aplicaron 0.5 ml de la solución madre en cada hoyo. Al comprobarse la patogenicidad de *Fusarium* en melón se utilizó en quequisque.

 El inóculo se preparó con platos Petri que contenían Fusarium con 7 días de crecimiento en medio de cultivo PDA. Se le agregó 20 ml de agua destilada estéril y se filtró a través de gaza estéril a un beaker con 75 ml de agua destilada estéril y se agitó en un vórtex por 1 minuto. El recuento de conidias se realizó agregando una gota de Tween 80 al 0.03 % a la suspensión y se realizaron diluciones seriadas 10^{-1} y 10^{-2}, se tomaron 50 µl de la última dilución para hacer el recuento utilizando un hemocitómetro en un microscopio con visor 40X. la cantidad de conidias se ajustó según Constanza *et al.,* (2012) a una concentración de 1 x 10^4 esporas ml^{-1}.

3.6. Aislamiento de bacterias a partir de las muestras de suelo

Se preparó una solución de 10 g de suelo y 90 ml de agua estéril se agitaron y se realizaron cinco diluciones seriadas. Se utilizaron las series 10^{-4} y 10^{-5} y se tomaron 0.10 ml de solución para depositarlas en platos Petri con medio Tetrazolio (TZC). El crecimiento de bacterias se observó 24 horas después de la inoculación.

3.7. Identificación de bacterias

Se realizaron pruebas bioquímicas y tinciones para identificar las bacterias a nivel de género. *Prueba de KOH:* Gotas de KOH al 3% se colocaron en una porta-objeto donde se agregó parte de la colonia de bacterias y se mezcló por unos minutos.

Prueba de oxidasa: Se empleó la metodología de Goszczynska *et al.* (2000). Se utilizaron las bacterias Gram negativas identificadas en la prueba de KOH. Se colocaron dos gotas de diclorhidrato de tetra metil-p-fenilendiamina al 1% en un trozo de papel filtro. Con un asa esterilizada se agregó parte de una colonia de bacterias jóvenes.

Pruebas bioquímicas: Las bacterias seleccionadas de la prueba de oxidasa se evaluaron las pruebas bioquímicas para identificar la especie. Con un asa estéril se tomó una pequeña cantidad de inóculo y se depositó en tubos de ensayo conteniendo manitol, sorbitol, dulcitol, lactosa, maltosa y Celobiosa. Después de identificar las bacterias, se multiplicaron a través del estriado en el medio de cultivo sólido agar nutritivo (AN) para purificar las colonias jóvenes.

Preparación de la solución para la inoculación del suelo en las macetas. Se realizó según la metodología de Rodríguez y Ramírez (2012). La bacteria se diluyó en agua destilada estéril y se ajustó a 6 x 10^8 ufc ml^{-1}. Se vertieron cantidades iguales de inóculo uniformizado en cada maceta.

3.8. Ubicación del estudio para las pruebas de patogenicidad

El ensayo se estableció en el invernadero del Centro Nacional de Investigación Agropecuaria del Instituto Nicaragüense de Tecnología Agropecuaria (CNIA-INTA); este se realizó hasta la semana 11 después de sembradas las plantas *in vitro* de quequisque. Las muestras de suelo con plantas enraizadas se recolectaron en la comunidad Río Plata, Nueva Guinea. Se utilizó un termómetro para monitorear el comportamiento de la temperatura en el invernadero.

3.9. Aplicación de los postulados de Koch para las pruebas de la patogenicidad

Se utilizaron plantas *in vitro* del cultivar de quequisque Lila con 30 días aclimatadas y con al menos 3 hojas. Se sembraron en macetas con suelo proveniente de Nueva Guinea esterilizado en horno a 240 °C por 72 horas combinado con sustrato inerte (Kekkila) a una proporción de 3:1, de este material se utilizaron 2 kg por maceta (anexo 3).

3.10. Tratamientos utilizados

T.1: *Pythium myriotylum* (P)

T.2: *Fusarium solani* (F)

T.3: *Ralstonia solanacearum* (R)

T.4: *Pythium myriotylum* + *Fusarium solani* (P+F)

T.5: *Pythium myriotylum* + *Ralstonia solanacearum* (P+R)

T.6: *Fusarium solani* + *Ralstonia solanacearum* (F+R)

T.7: *Pythium myriotylum* + *Fusarium solani* + *Ralstonia solanacearum* (P+F+R)

T.8: Testigo absoluto (Sin inoculación de patógenos) (T)

Se inoculó *P. myriotylum* empleando 18.5 ml de solución de inóculo por maceta (Djeugap *et al.*, 2015). Para inocular *F. solani* se tomó 1 ml de la solución por maceta (Constanza *et al.*, 2012); y la bacteria se inoculo según Rodríguez y Ramírez (2012) aplicando 3 ml de la solución bacteriana por maceta. Se establecieron 15 vitroplantas por tratamiento para evaluar las afectaciones en la planta, se tomaron tres plantas por tratamiento a los 7, 21 y 35 días después de inoculado (ddi)

3.11. Re-aislamiento de patógenos de plantas de quequisque

Las plantas que presentaron síntomas de la enfermedad 35 ddi, fueron procesadas en laboratorio, para re-aislar el patógeno inoculado previamente. Se utilizaron los medios de cultivo PDA, AA+ sulfato de estreptomicina y V8 + PARB y se evaluaron las características morfológicas para comprobar la presencia del patógeno inoculado.

3.12. Variables evaluadas

Para evaluar los síntomas de la enfermedad en las plantas se evaluaron variables de raíces y variables morfológicas, a continuación, se describen:

3.12.1.   Variables de raíces

a)   Número de raíces sanas. Se contaron las raíces que no presentaron ningún tipo de lesión que indicase síntoma de ninguna enfermedad

b)   Número de raíces infectadas. Se contaron todas las raíces de plantas que presentaron necrosis, marchitamiento y descortezamiento.

c)   Largo de raíces. se midieron las raíces desde el inicio del cormo de la planta hasta la punta de la misma, se tomaron medidas de 5 raíces tomadas al azar

d)   Severidad en raíces, Se realizó utilizando la siguiente escala:

Cuadro 2. Escala de severidad en las raíces (Fontem, 2008)

Sintomatología	Escala	Grado
Sin síntomas visible	No hay enfermedad	0
Con puntos necróticos en la raíz	1 a 25 % afectación	1
Lesiones de un centímetro	26 a 50 % afectación	2
Con al menos la mitad de la raíz afectada	51 a 75 % afectación	3
Raíz totalmente afectada	76 a 100 % afectación	4

3.12.2. Variables morfológicas

a) Altura de la planta (cm). Se les midió altura de planta a partir de la base del pseudotallo hasta la parte de inserción del pecíolo con la hoja de mayor altura.

b) Diámetro del pseudotallo (cm). Se obtuvo midiendo en la inserción de la vaina de la hoja en la base de la planta.

c) Número de hojas sanas. Se contabilizó el número de hojas sanas en cada planta que se evaluó.

d) Número de hojas afectadas. Se contabilizó el número de hojas afectadas en cada planta que se evaluó.

e) Área foliar. Se seleccionó la hoja de mayor altura en la planta y se midió el largo desde el punto de inserción del pecíolo con la lámina foliar hasta el ápice y el ancho, considerando la parte más ancha que hacen los lóbulos de las hojas extendidas, a este dato se le aplicó una constante de 0.923 utilizada por Parey (1993).

3.13. Análisis de datos

A las variables raíces sanas, número de raíces infectadas, largo de raíces y todas las variables morfológicas se les realizó un análisis de varianza (ANDEVA) y separación de media de Fisher $\alpha=0.05$ para determinar diferencias estadísticas entre los tratamientos.

IV.   RESULTADOS Y DISCUSIÓN

4.1.   Aislamientos de patógenos asociados al mal seco según los métodos empleados

Se aislaron 119 *Pythium* spp. y 61 *Fusarium* spp. en tres medios de cultivos y utilizando tres métodos de aislamiento. Con el método HQC se obtuvieron 33 aislados de *Pythium* spp. en el medio V8+PARB, 16 aislados de *Fusarium* spp. y 30 de *Pythium* spp. en el medio AA+SE. En el medio PDA se aislaron 16 *Fusarium* spp. y 7 *Pythium* spp. En el método RS hubo-crecimiento de *Fusarium* spp. en PDA. En el método DS crecieron 27 aislados de *Fusarium* spp. y 21 de *Pythium* spp. en el medio PDA y en el medio AA+SE crecieron 28 aislados de *Pythium* spp. (Cuadro 3).

Cuadro 3. Número de aislados (*Fusarium* spp. y *Pythium* spp.) obtenidos con los métodos de aislamiento HQC, RS y DS en los medios de cultivo PDA, AA + SE y V8 + PARB.

Medios de cultivo	HQC		RS		DS		Total	
	Fusarium spp.	*Pythium* spp.	*Fusarium* spp.	*Pythium* spp.	*Fusarium* spp.	*Pythium* spp.	*Fusarium* spp.	*Pythium* spp.
PDA	16	7	1	0	27	21	44	28
AA+SE	16	30	0	0	1	28	17	58
V8+PARB	0	33	0	0	0	0	0	33
Total	32	70	1	0	28	49	61	119

El medio de cultivo PDA aisló mayoritariamente *Fusarium* spp. que presentó el característico crecimiento micelial septado, bien formado y las colonias de colores entre rosado y lila. Sus macroconidias con curvaturas entre 3-4 septos, identificado después de 7 días de sembrado. Rodríguez y Ramírez (2012) aislaron *Fusarium* spp. en medio de cultivo PDA y observaron rápido crecimiento y micelio de color rosado/violeta bajo. En el medio de cultivo AA+SE se obtuvieron 58 aislados de *Pythium* spp. con un crecimiento lateral del micelio dentro del medio de cultivo. El método HQC presentó mayor cantidad de *Pythium* spp (70, 58.8% del total de aislados). con crecimiento micelial muy esponjoso, ascendente y exuberante en el plato Petri en el medio de cultivo V8+PARB (33 aislados) en comparación con los medios de cultivo PDA (7 aislados) y AA+SE (30 aislados) y fue el único patógeno que creció en este medio.

Anaya y Aguilar (2009) aislaron *Pythium* spp. empleando frutos de chiltoma (*Capsicum annuum* L.) como cebos y medio de cultivo agar harina de maíz y jugo V8 suplementados con los antibióticos piramicina vancomicina y pentanitroclorobenceno y obtuvieron crecimiento micelial abundante saturando la caja Petri en el medio de cultivo V8, facilitando así la identificación y manipulación de mismo. En el método RS solo hubo crecimiento de un *Fusarium* spp. en el medio de cultivo PDA no hubo crecimiento de *Pythium* debido a que donde aparecieron los síntomas en las raíces generalmente el tejido ya estaba muerto, por lo que se necesita mucha precisión para lograr identificar la afectación más reciente y se logra utilizando material vegetal bastante fresco para poder aislar patógenos de raíces.

4.2. Identificación de patógenos

Se identificó el patógeno Pythium myriotylum aislado del método HQC en el medio de cultivo V8+PARB y presentó micelio ascendente de color blanco y esponjoso con gran cantidad de oogonios de 23 µm de diámetro, de forma redonda con doble pared y de 1 a 3 anteridios por oogonios, cargados de oosporas con hifas cenocíticas, desarrollo de esporangios filamentosos observándose a los 3 días después de sembrado a una temperatura de 28°C. Perneel et al., (2006) en su estudio demuestra que todos los aislados virulentos de quequisque crecen mejor a 28°C sin ningún crecimiento a los 37°C, mientras que el aislado típico de P. myriotylum crece mejor a 37°C (anexo 4).

Los aislados de *Pythium myriotylum* que infectan a quequisque son diferentes del aislado típico de *Pythium myriotylum* que causa damping off y mal seco en otras plantas hospederas. Los aislados de *P. myriotylum* virulentos a quequisque parecen ser muy similares independientemente de su origen geográfico y pueden ser distinguidos de otros aislados de *Pythium myriotylum* por su temperatura óptima de crecimiento.

Folgueras y Herrera (2006) vinculan a este patógeno con *Fusarium oxysporum, Fusarium solani,* y *Sclerotium rolfsii* en la sintomatología de la pudrición seca en *Xanthosoma* spp. Nzietchueng (1984) define a este patógeno como el agente causal del mal seco en quequisque.

Se identificó *Fusarium solani* aislado del método DS en el medio de cultivo PDA, presentó micelio aéreo y textura algodonosa de colores entre blanco grisáceo y rosado con pigmentaciones de colores entre lila, púrpura y marrón hifas septadas y cantidad abundantes de microconidias con 3-4 septos (anexo 5) como las descritas por Seifert (1996) Rodriguez y Ramirez (2012) y Hafizi *et, al* (2013). Para comprobar su patogenicidad se inoculó en plántulas de melón y a los 7 días después de inoculado las plántulas presentaron síntomas de amarillamiento en las hojas y puntos de necrosis en el tallo característico de *Fusarium solani.* Plaza (1994) considera a *Fusarium solani* como el agente causal del mal seco en *Xanthosoma sagittifolium.* Laguna *et al.,* (1983) indica haberlo encontrado en *Xanthosoma* spp. asociado con *Rhizoctonia solani* y *Pythium splendens* causando el síndrome de marchitamiento en raíces y Morales, (2006) también lo encontró asociado con *Sclerotium rolfsii.*

Se identificó la bacteria *Ralstonia solanacearum* biovar 2 después de realizar las pruebas KOH, prueba de oxidasa y pruebas bioquímicas resultando positivo los azúcares Maltosa, Celobiosa, y Lactosa que corresponde a la bacteria *Ralstonia solanacearum* según la descripción de Schaad *et al,* (2001) (anexo 6). *Ralstonia solanacearum* biovar 2 produce la enfermedad de la marchitez bacteriana en diferentes hospedantes (Agrios, 2007).

Patrice (2009) reporta que está presente en los cultivos de especies de Solanáceas como papas y tomates. Rueda *et al.,* (2014) indican que esta bacteria aparece también en plátano y en algunos ornamentales. Rodríguez y Ramírez (2012) inocularon *Ralstonia solanacearum* en plantas de quequisque encontrando manifestaciones como marchitez progresiva en hojas, flacidez, falta de turgencia y pudrición acuosa en raíces y cormo de quequisque.

4.3.   Pruebas de patogenicidad aplicando los postulados de Koch

En las pruebas de patogenicidad, los tratamientos combinados con *Pythium myriotylum* mostraron síntomas de afectación en las raíces, a continuación, se muestran en cada una de las variables:

4.3.1. Variables de raíces

Las plantas evaluadas mostraron valores promedios de raíces sanas en rangos de 5.6-20.6 con longitudes de 5.7-27.3 cm, y con un rango promedio de 2.6-11 raíces afectadas (Figura 2.)

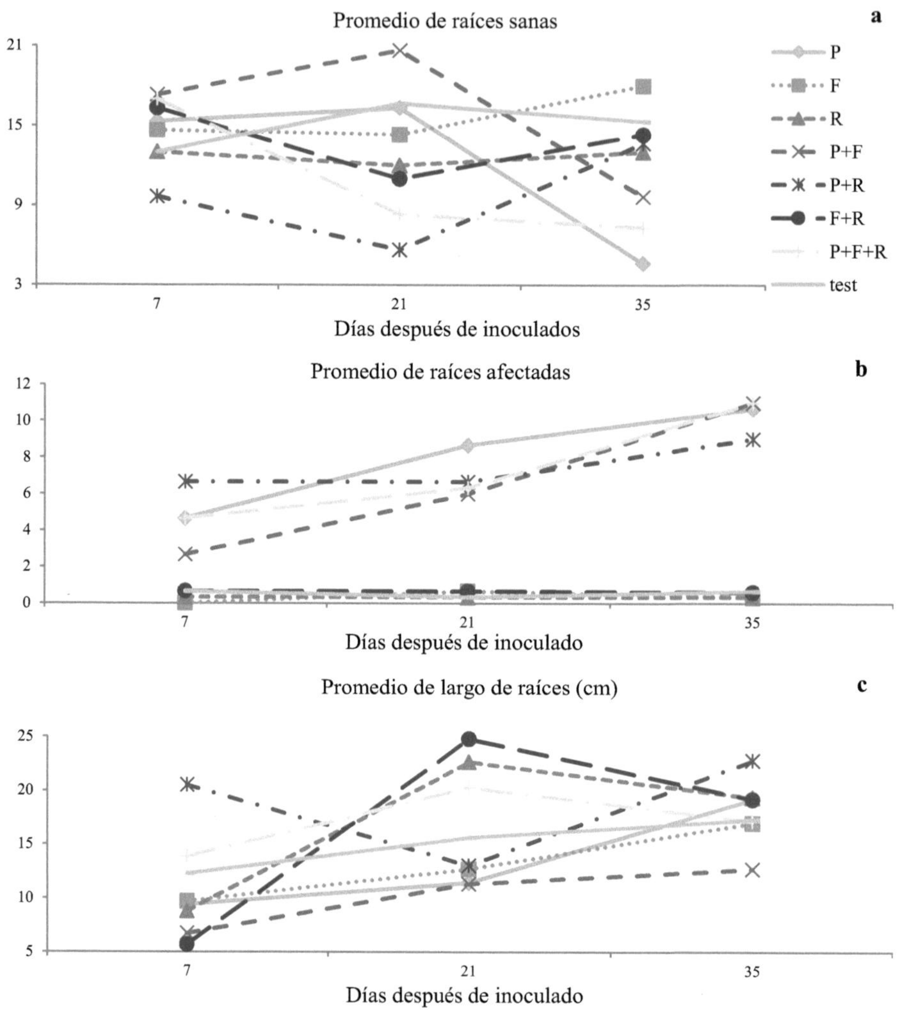

Figura 1. Valores promedios de a) raíces buenas, b) raíces afectadas y c) largo de raíces de plantas *in vitro* del cultivar de quequisque Lila establecidas en macetas con sustrato estéril inoculado con aislados patogénicos de *Pythium myriotylum, Fusarium solani* y *Ralstonia solanacearum*, en el invernadero de CNIA-INTA, Managua.

Las plantas mantuvieron un crecimiento y desarrollo constante de raíces en todos los tratamientos. Según Acebedo y Navarro (2010) las plantas enfermas concentran la energía en producción de raíces y no en desarrollo de cormos, es decir que la planta siempre está produciendo raíces a medida que el patógeno la está atacando. En los tratamientos P, P+F, P+R y P+F+R las raíces afectadas aumentaron desde los 7 hasta los 35 días después que se inocularon observándose claramente la afectación de *Pythium myriotylum*, al encontrarse como patógeno en común en los tratamientos que mostraron mayor afectación en las raíces.

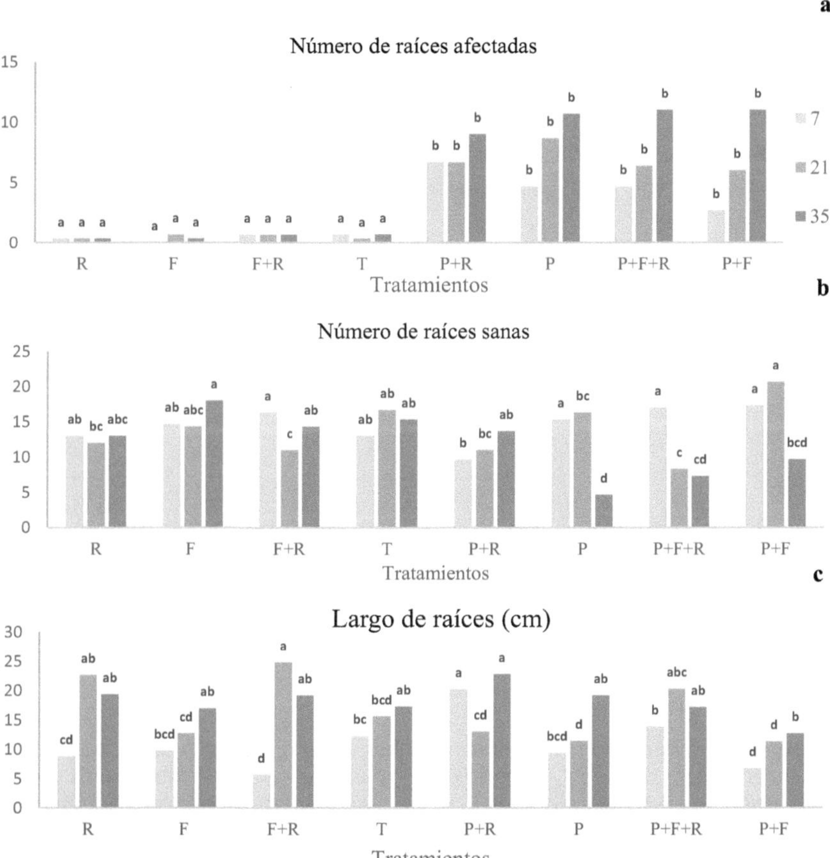

Figura 2. Separación de medias de Fisher α=0.05para las variables de a) Número de raíces afectadas b) Número de raíces sanas y c) Largo de raíces (cm) a los 7, 21

y 35 ddi en las pruebas de patogenicidad utilizando vitroplantas del cultivar de quequisque Lila establecidas en invernadero de INTA-CNIA.

A los 35 ddi se registraron diferencias significativas en todas las variables con excepción de largo de raíces. En el número de raíces afectadas los tratamientos R, F, F+R y T, están en una misma categoría, encontrándose plantas con raíces sin ninguna afectación que indiquen la presencia del mal seco, por otro lado, los tratamientos P+R, P, P+F+R y P+F se encuentran todos en una segunda categoría, evidenciándose raíces con afectaciones necróticas, pudrición, lesiones y descortezamiento en las mismas, característico del mal seco (figura 2, anexo 8). Rodríguez y Ramírez (2012) inocularon *Pythium myriotylum* en plantas de quequisque y encontraron síntomas en raíces a los seis días después de la inoculación y a los 14 ddi se mostró una disminución del sistema radicular. Pacumbaba *et al.*, (1992) también indica que los síntomas del mal seco incluyen

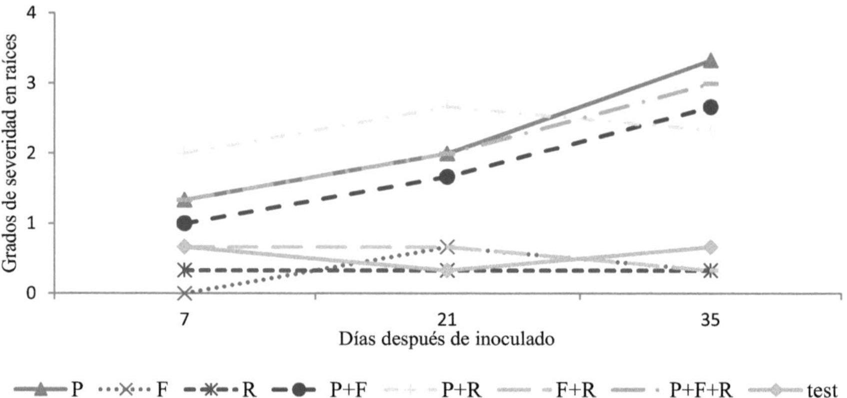

raíces podridas y marchitez con clorosis general en plantas inoculadas con *Pythium myriotylum.*

Figura 3. Severidad en raíces en plantas *in vitro* del cultivar de quequisque Lila, inoculado con aislados patogénicos, aplicados en sustrato estéril, solos y en combinación de *Pythium myriotylum, Fusarium solani* y *Ralstonia solanacearum*, en invernadero de CNIA-INTA.

Las plantas de los tratamientos F, R, F+ R y T, tuvieron un crecimiento normal y no superaron ni un grado de severidad en las raíces en ninguna de las evaluaciones, por otra parte, los tratamientos P, P+F, P+R y P+F+R mostraron un aumento de la severidad al pasar los días después de haber sido inoculadas, mostrando síntomas de necrosis y marchitamiento en las raíces (Figura 3).

Tomando en cuenta que en la variable número de raíces afectadas los tratamientos P, P+R, P+R+F y P+F mostraron raíces el mayor número de raíces con afectaciones necróticas y pudrición y el grado de severidad aumentó al pasar de los días en estos mismos tratamientos que indica a *Pythium myriothylum,* causante del mal seco, coincidiendo con los resultados de Nzietchueng (1984); Pacumbaba *et al.,* (1992); Tambong *et al.,* (1999) y Rodríguez y Ramírez (2012) como el único agente causal, ya que las lesiones en las raíces presentadas en el tratamiento P son las mismas lesiones que se presentaron en los otros tratamientos que combinaron *Fusarium solani* y *Ralstonia solanacearum* con *Pythium myriotylum.*

4.3.2. Variables morfológicas

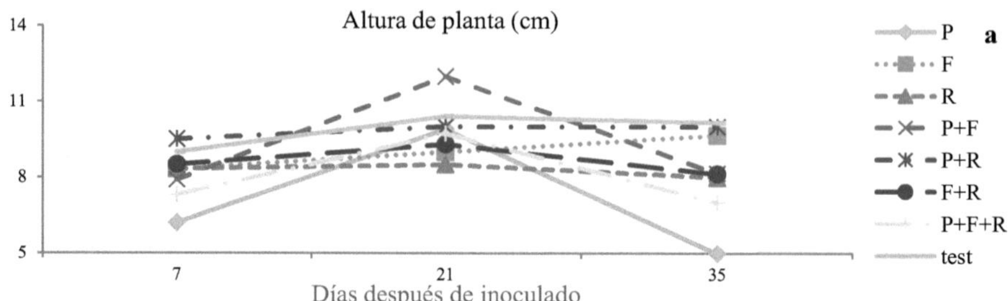

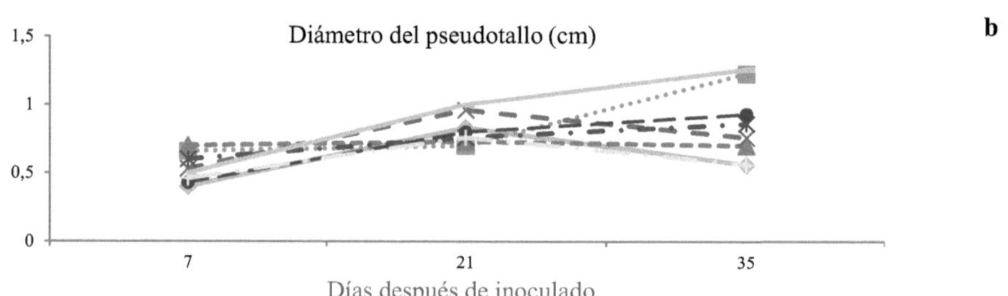

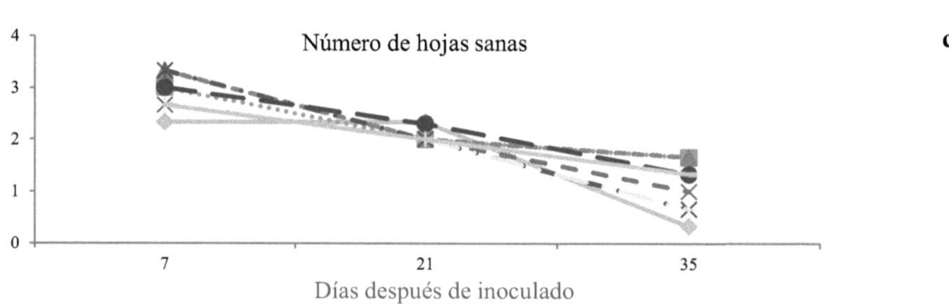

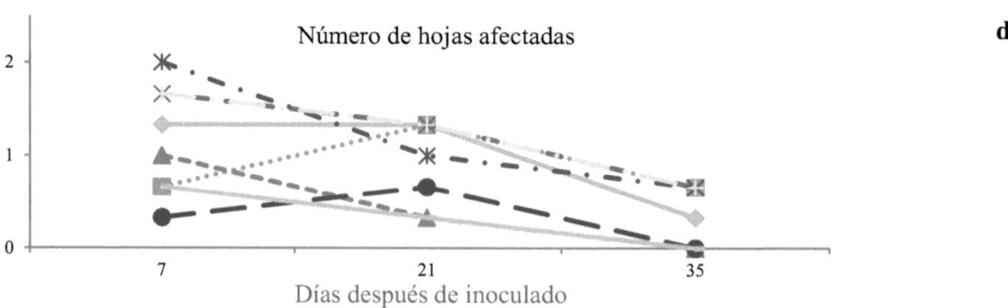

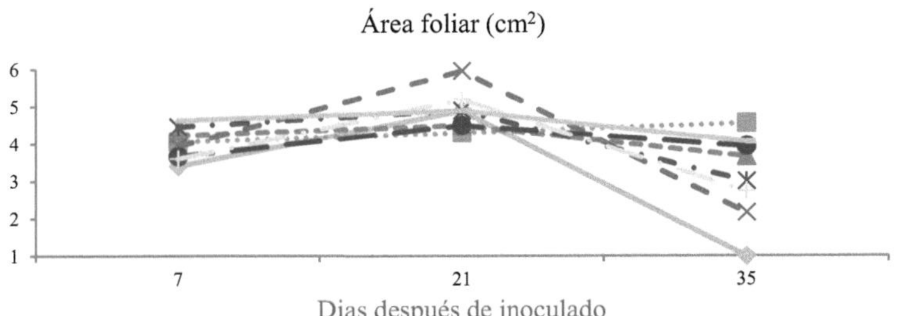

Figura 4. Valores promedios de a) altura de la planta (cm) b) diámetro del pseudotallo (cm), c) número de hojas buenas, d) número de hojas afectadas y e) área foliar (cm^2) de plantas *in vitro* del cultivar de quequisque Lila establecidas en macetas con sustrato estéril inoculado con aislados patogénicos de *Pythium myriotylum, Fusarium solani* y *Ralstonia solanacearum*, aplicados solos y en combinación evaluados a los 7, 21 y 35 días después de la inoculación en el invernadero de CNIA-INTA.

En la figura 4 se muestran los valores promedios de variables morfológicas, en tres evaluaciones. A los 35 ddi se presentaron plantas con altura entre 5-12 cm, número de hojas sanas entre 0.33 y 3.33, número de hojas afectadas entre 0 y 2, y área foliar entre 1.22 y 41.58 cm^2. En estas variables no hubo diferencias significativas en ninguna de las evaluaciones. En el diámetro de pseudotallo solo hubo diferencias significativas a los 35 ddi y los tratamientos con categorías estadísticas superiores fueron T y F (Anexo 9).

Todas las variables morfológicas de forma general presentaron tendencia a disminuir los valores desde la evaluación a los 21 ddi hasta la última evaluación a los 35 ddi, las temperaturas registradas en el invernadero oscilaron entre 35.83-39.33 °C (anexo2). Según Meneses *et al.,* (2007) el cultivo del quequisque se adapta a temperaturas que oscilan entre 25 y 30 °C. Reyes *et al.,* (2013) también indica que el quequisque se desarrolla normalmente en rangos de temperaturas de 20-35 °C, de tal manera que, a temperaturas mayores a estas, podrían provocar marchitamiento en las hojas y confundir con algún síntoma de afectación por enfermedades fungosas o bien por deficiencia de nutrientes. Por lo tanto, no se pudo utilizar las afectaciones en las hojas o las variables morfológicas como parámetro para medir las afectaciones de los patógenos en los diferentes tratamientos.

4.3.3. Re-aislamiento de patógenos de plantas de quequisque con síntomas de mal seco

Los patógenos aislados de las plantas con síntomas de mal seco fueron los mismos patógenos inoculados en la prueba de patogenicidad, cumpliéndose con el postulado número 4 de Koch, según Agrios (2007). (Cuadro 4, Anexo 1).

Cuadro 4. Re-aislamiento de patógenos encontrados en plantas de quequisque con síntomas de mal seco establecidas en el invernadero de INTA-CNIA

Medio de cultivos	T1	T4	T5	T7
PDA	----	*Fusarium solani*	----	*Fusarium solani*
AA + SE	*Pythium myriotylum*	*Pythium myriotylum*	*Pythium myriotylum*	*Pythium myriotylum*
V8 +	*Pythium myriotylum*	*Pythium myriotylum*	*Pythium myriotylum*	*Pythium myriotylum*
PARB				
TZC	----	----	*Ralstonia solanacearum*	*Ralstonia solanacearum*

El crecimiento y características morfológicas de *Pythium myriotylum,* en la combinación del método de captura HQC con el medio de cultivo V8+PARB resultó ser lo más efectivo para el aislamiento y crecimiento de *Pythium myriotylum*. Al estar *P. myriotylum* en un medio acusoso y al entrar en contacto con las hojas se crean las condiciones para que este germine y pueda desarrollarse lo que facilita su aislamiento al encontrarse mayor cantidad de micelio en los trozos de hojas. Esto también garantiza tener el aislado de este patógeno sin que sea necesario utilizar plantas de quequisque con afectaciones recientes del mal seco. Anaya y Aguilar (2009) también aislaron *Pythium* utilizando frutos de chile como cebos en suelo humedecido a saturación y en 3 semanas estos cebos estaban saturados de micelio del Oomicete.

Contar con un medio de cultivo dónde se desarrolle *Pythium myriotylum* es también de mucha importancia para permitir la identificación efectiva del mismo. Anaya y Aguilar (2009) utilizaron el medio de jugo V8 con diferentes antibióticos (Piramicina vancomicina y pentanitroclorovenceno), Rodríguez y Ramírez (2012) también utilizaron antibióticos para identificación de *Pythium myriotylum* en medio PARC, mostrando la importancia del uso de antibióticos en medios de cultivos selectivos para el crecimiento y desarrollo del patógeno.

Las dificultades del aislamiento de *Pythium myriotylum* a partir de raíces (visibilidad de los primeros síntomas en raíces y medios de cultivos específicos) podrían explicar las diferencias en la definición del agente causal. En las variables severidad en raíces y número de raíces afectadas (Figura 2 y 3) *Pythium myriotylum* sobresale en los tratamientos que muestran plantas con síntomas de mal seco, comprobando los resultados de Nzietchueng (1984); Pacumbaba *et al.*, (1992); Tambong *et al.*, (1999) y recientemente en Nicaragua Rodríguez y Ramírez, (2012) quienes presentan a *Pythium myriotylum* como el único agente causal.

V. CONCLUSIONES

- La prueba de patogenicidad demostró que *Pythium myriotylum* indujo la manifestación de síntomas característicos del mal seco en las vitroplantas del cultivar quequisque Lila.

- El empleo del método de aislamiento de *Pythium myriotylum*, hojas de quequisque como cebo (HQC) combinado con el medio de cultivo V8 + PARB resultó con mayor cantidad de aislados de *P. myriotylum* con 33. Con el método HQC hay mayor facilidad y eficiencia en el aislamiento de *P. myriotylum*.

VI.   RECOMENDACIONES

- Se recomienda utilizar cebos de hojas de quequisque como método de captura y el medio de cultivo V8 más PARB para el crecimiento *Pythium myriotylum*

- Establecer próximos ensayos donde se utilice control biológico para el manejo de la enfermedad del mal seco en quequisque.

VII.   BIBLIOGRAFÍA CITADA

Acevedo, J A; Navarro, E R. 2010. Efectos del mal seco (*Phytium myriotylum* Drechs) en campo y sombreadero sobre la agromorfología de 15 acccesiones de quequisque (*Xanthosoma* spp.), desarrollo de síntomas y detección microbiológica. Tesis de Ing. Agr. Universidad Nacional Agraria. Nicaragua. 37 p.

Agrios, G. 2007. Fitopatología. Ed. Limusa s.a. MX .856 p. (2a Edición) ISBN 13: 978-968-18-5184-2.

Ali-Stayeh, M. 1986. The Genus *Pythium* in the West Bank and gaza strip. Research and Documentation Centre, An': Najah National University, Nablus. 81 p.

Almara-Sánchez, A; Alvarado-Rosales, D; y Saavedra-Romero, L. 2012.Trampeo de phytophthora cinnamomi en bosque de encino con dos especies ornamentales e inducción de su esporulación. Revista Chapingo. Serie ciencias forestales y del ambiente. 12 p.

Anaya, I; y Aguilar, P. 2009. Aislamiento e Identificación de Pythium sp, Un fitopatógeno de interés agrícola en el estado de Querétaro. Laboratorio de Plantas y Biotecnología Agrícola. Universidad Autónoma de Querétaro, MX. 4 p.

Bejarano-Mendoza, E; Zapata, M; Bosques, A; Rivera-Amador, E; Liu, L.1998. *Sclerotium rolfsii* como componente del complejo patológico causante del mal seco de la yautía (*Xanthosoma sagittifolium*). En Puerto Rico. Journal agriculture of University of Puerto Rico 82 (1-2), 85-95.

Cañedo, V; Ames, T. 2004. Manual de laboratorio para el manejo de hongos entomopatógenos. Centro Internacional de la Papa. 68 p.

Constanza, L; Sánchez, L; Cuervo J; Joya, J; Marquez, K. 2012. Efecto biocontrolador de Bacillus spp., frente a Fusarium sp., bajo condiciones de invernadero en plantas de tomillo (*Thymus vulgaris* L.). Bogota, CO. Universidad Colegio Mayor de Cundinamarca. Bogotá, Colombia. 18 p.

Djeugap, F; Azia, A; Tita, N; Eko, D; Fontem, D. 2015. Influence of Compost types and Fungicide Application on Plant Growth and Supressiveness of Cocoyam (*Xanthosoma sagittifolium* (L.) Schott) Root Rot Disease. International Journal of Agriculture and Biosciences p 32-37

Folgueras, M y Herrera Lidcay. 2006. Relacion de Patogenos y asociados a la pudrición seca de la malanga del genero *Xanthosoma*. Villa Clara. CU. p 21-25

Folgueras, M; Herrera, L; Rodríguez, S. 2015. El mal seco de la malanga (*Xanthosoma* y *Colocasia*) En Cuba. Rev. Agricultura Tropical Vol. 1 No. 1:62-65.

Fontem, D. 2008. Response of cocoyam (*Xanthosoma sagittifolium* (L.) Schott) asseccions to (*Pythium myriotylum* Dresch) inoculation.

Giacometti, D; Leon, J; 1994. Tannia. Yautia (*Xanthosoma sagittifolium*). In: Neglected Crops: 1492 from a difeferent perspective. Plant production and protection series No. 26. FAO, Rome, IT. (Eds. J.E y J. Leon), Rome, Italy, pp. 253-258.

Germida, J J; y de Freites, J R. 2008. Cultural methods for soil and root associated microorganisms En: Soil sampling and methods of analyisis. Ed 2. 341-354.

Gómez-Alízar, I; Saalau, E; Pincado, I; Tambong, J T; y Saborio, F. 2011. A PCR-RFLP assay for identification and detection of *Pythium myriotylum*, causal agent of the cocoyam root rot disease. Letters in applied microbiology 52. 185-192.

Goszczynska, T; Serfontein, J; Serfontein, S. 2000. Introduction to Practical Phytobacteriology. A Safrinet Manual For Phytobacteriology. South Africa. 91 p. (1ra Edicion) ISBN 0-620-25487-4.

Hafizi, R; Salleh, B; Latiffah, Z. 2013. Morphological and molecular characterization of *Fusarium. solani* and *F. oxysporum* associated with crown disease of oil palm. Penang, MS. Universiti Sains Malaysia. 10 p

Laguna, L; Zalazar, G; y Lopez, F. 1983. Enfermedades fungosas y Bacterianas de las Araceas en Costa Rica. Boletin Tecnico 10:1-27.

López, M; Vásquez, E; López, E. 1995. Raíces y tubérculos. Pueblo y Educación, Universidad Central de Las Villas, Cuba. 312 p.

Martínez Francés, M A; Lacasa Plasencia, A; y Tello Marquina J C. 2009. Ecología de la microbiota de los suelos de los invernaderos de pimiento y su interés agronómico.

Meneses, D; Hernández, O; Porras, C; Villegas, O; Vallejos, J; Vargas F; Pérez, J. 2007. Caracterización y plan de acción para el desarrollo de la agrocadena de Raíces y Tubérculos Tropicales en la región Huetar Norte. Ministerio de Agricultura y Ganadería Dirección Regional Huetar Norte Ciudad Quesada, C.R. 67 pp.

Morales, A. 2006. La enfermedad del Mal seco en Tiquisque (*Xanthosoma sagittifolium*). Ministerio de Agricultura y Ganaderia. Tesis de Grado. Direccion regional Brunca, C.R. 26 pp.

Nyochembeng, L M; Pacumbaba, R P; y Beyl. 2002. Calcium enhanced zoospore production of *Pythium myriotylum in vitro*. Phytopathology 150, 396-398

Nzietchueng, S. 1984. Root rot *Xanthosoma sagittifolium* caused by *Pythium myriotylum* in Camerun. In: Tropical root crops: production and uses in Africa.

Proceedings of the second triennial Symposium of the international society of tropical Root crops. Douala, CA. pp. 185-188.

Olorunleke, F; Adiobo, A; Onyeka, J; Höfte, M. 2014. Cocoyam Root Rot Disease caused by *Pythium myriotylum* in Nigeria. Tropentag Prague, Czech Republic. 4 p.

Pacumbaba, R; Wutoh, J; Sama, A; Tambong, J; Nyochembeng, L. 1992. Insolation and pathogenicity of rhizosphere fungi of cocoyam in relation to cocoyam root rot disease. Journal of phytopathology. 135, 265-273.

Parey, P. 1993. Non-destructive estimation of the foliar area in Cocoyam (Xanthosoma sagittifolium [L.] Schott) Cameroon, West Africa. 171, 138—141. ISSN 0931-2250

Patrice, G. 2009. Ralstonia solanacearum raza 3 biovar 2. El Departamento de Agricultura de los Estados Unidos. 15 p.

Perneel, M; Tambong, J; Adiobo, A; Floren, C; Saborio, F; Lévesque, A; Hofte, M. 2006. Intraespecific variability of pythium myriotylum isolate from cocoyam and other host crops. 110, 583-593.

Plaza J. 1994. La Etiologia del Mal seco de la Yautia (*Xanthosoma* sp.) en Puerto Rico. Tesis M.S Universidad de Puerto Rico, Mayaguez, 46 pp.

Reyes, G. 2006. Studies on cocoyam (*Xanthosoma* spp.) in Nicaragua, with emphasis on *Dasheen mosaic virus.* Doctoral thesis Swedish University of Agricultural Sciences. Uppsala 35 p.

Reyes, G; Corea, H; Guatemala, T. 2013. Guía del manejo agronómico del Quequisque en Nicaragua. Managua, NI, 18 p.

Rodríguez, M; Ramírez, D. 2012. Diagnóstico de los agentes causales del mal seco en el cultivo de quequisque (*Xanthosoma* spp) en el municipio de Nueva Guinea, Nicaragua. Tesis Ing. Agr. Managua, NI, UNA. 58 p.

Rueda, E; Hernández, M; Holguín, P; Ruiz, F; López E; Huez,M; Jiménez, J; Borboa, J; Ortega, J. 2014. Ralstonia solanacearum: Una enfermedad bacteriana de importancia cuarentenaria en el cultivo de Solanum tuberosum L. Universidad de Sonora Centro de Investigaciones Biológicas del Noroeste, S.C. Vol 9 No. 1, 24-36

Saavedra, D; Reyes, G. 2014. Prospección tecnológica para el manejo de mal seco en Quequisque, NI. 5p.

Saborío, F; Umaña, G; Solano, W; Amador, P; Muñoz, G; Valerin, A; Torrez, A; Valverde, R. 2004. Induction of genetic variation in *Xanthosoma* spp. In: Genetic improvement of under-utilized and neglected crops in low income food deficit countries through irradiation and related techniques. (Eds. International Atomic Energy Agency). Vienna, AU, pp. 143-154.

Schaad, N; Jones, J y Chun, W. 2001. Laboratory guide for identification of plant pathogenic bacteria. St Paul, Minnesota, USA. American Phytopathological Society Press. ISBN 089054 263 5.

Seifert, K. 1996. *Fusarium* interactive Key, Taxonomic Information Systems. CA. 65p. ISBN 0-662-24111-8

Sinobas, J; Varés, J; Rodríguez, E; 1999. Influencia del tipo de «cebo» y la temperatura en el aislamiento y desarrollo de Pythium spp. Universidad Politécnica de Madrid. 25: 131-142.

Steiner, K G. 1981. A root rot of macabo (*Xanthosoma* sp.) in Cameroun associated with *Pythium myriotylum*. Journal of plant diseases and protection 88 (10), 608-613.

Tambong, J; Poppe, J; Hofte, M. 1999. Pathogenecity, electrophoretic characterization an in planta detection of the cocoyam root rot disease pathogen, *Pytium myriotylum*. European journal of plant pathology 105:597-607.

Tambong, j; Sapra, V; Garton, S. 1998. *In vitro* induction of tetraploids in colchicine-treated cocoyam plantlets. *Euphytica* 104:191-197.

Temgo, C; y Tong, X. 1997. Pythium species from cocoyam farm soils in Cameroon. Fungi. Sci 12:9-15

Van Der Plaats- Niterink A. 1981. Monograph of the genus *Pythium*. Studies in Mycology No 21 Centraalbureau voor Schimmeicultures barn, the Netherlands. 241 p.

Waterhouse, G; Waterston, J. 1966. *Pythium myriotylum*, CMI. Descriptions of pathogenic fungi and bacteria 118:1-2.

VIII. ANEXOS

Anexo 1. Postulados de Koch (Agrios, 2007)

1. El patógeno debe encontrarse asociado con la enfermedad en todas las plantas enfermas que se examinen.

2. El patógeno debe aislarse y desarrollarse en un cultivo puro en medios nutritivos y se deben describir sus características (parasito obligado) o bien debe permitirse que se desarrolle sobre una planta hospedante susceptible (parasito obligado) y registrar su presencia y los efectos que produzcan

3. El patógeno que se desarrolle en un cultivo puro debe ser inoculado en plantas sanas de la misma variedad o especie en que apareció la enfermedad y debe producir la misma enfermedad en las plantas inoculadas

4. El patógeno debe aislarse una vez más en un cultivo puro y su característica deben corresponder alas anotada en el segundo punto

Anexo 2. Temperaturas (°C) del ensayo de patogenicidad, en el invernadero del Centro Nacional de Investigación Agropecuaria-Instituto Nicaragüense de Tecnología Agropecuaria (INTA-CNIA), Managua.

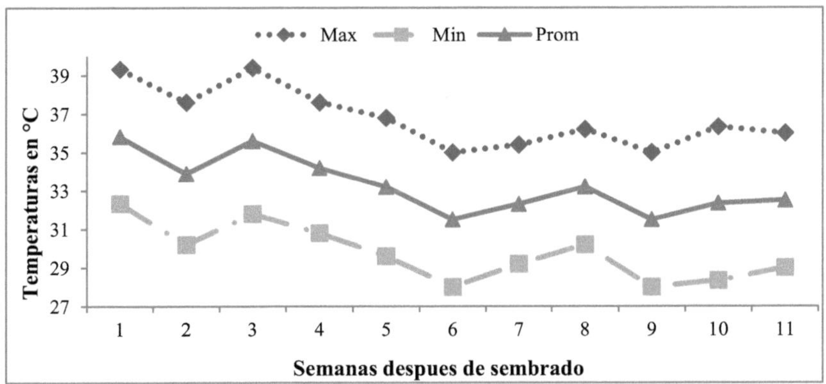

Anexo 3. Mezcla de tierra esterilizada con sustrato comercial kekkila en proporción 3:1 para las pruebas de patogenicidad utilizando los postulados de Koch en invernadero de CNIA-INTA.

1) *Sustrato inerte kekkila*, 2) *Proporción de sustrato* 3:1 (*3 de tierra esterilizada de fincas comerciales y 1 de sustrato inerte Kekkila*)

31

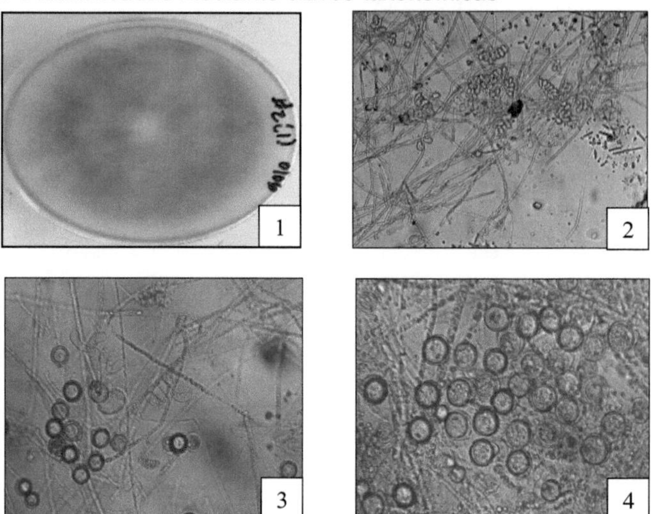

1) *Crecimiento de Pythium myriotylum en medio de cultivo V8+PARB* 2) *Hifas cenociticas y esporangios* 3) *Oogonios con anteridios y esporangios* 4) *cantidades abundantes de Oogonios*

Anexo 5. Crecimiento de *Fusarium solani* en medio de cultivo PDA

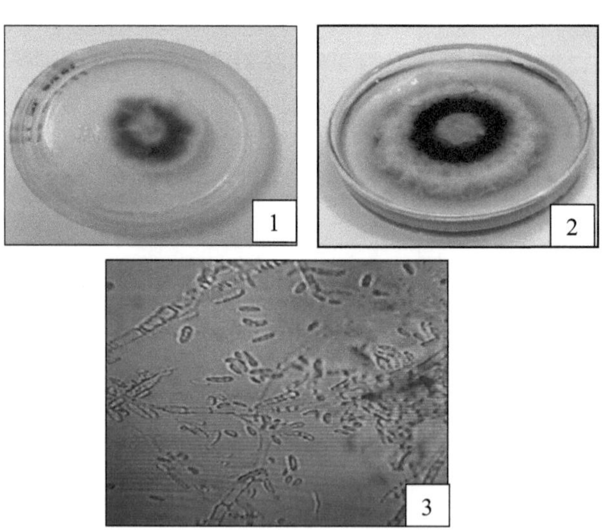

1). Crecimiento de Fusariun solani a los 3 días de sembrado en medio de cultivo PDA *2) crecimiento de Fusariun a los 8 días de sembrado en medio de cultivo* PDA *3) Identificación morfológicas de Fusariun solani, hifas y macroconidias*

Anexo 6. Identificación de *Ralstonia solanacearum* biovar 2 en medio de cultivo TZC y prueba bioquímica

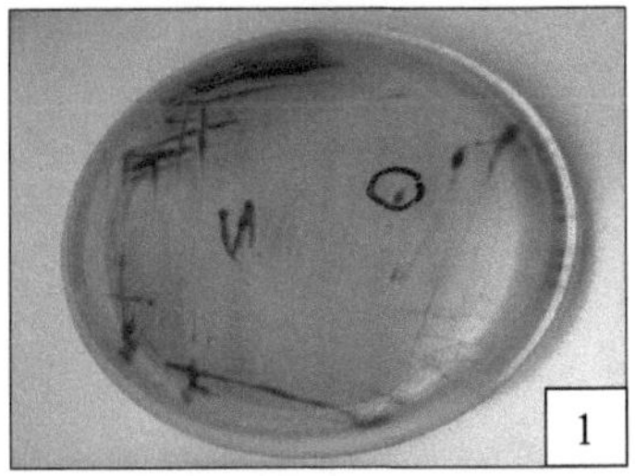
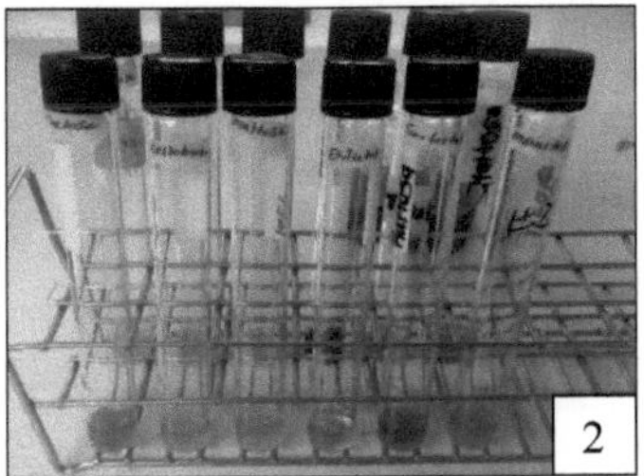

1) *Crecimiento de Ralstonia solanacearum en medio de cultivo TZC.* 2) *Pruebas bioquímicas para identificación de bacteria.*

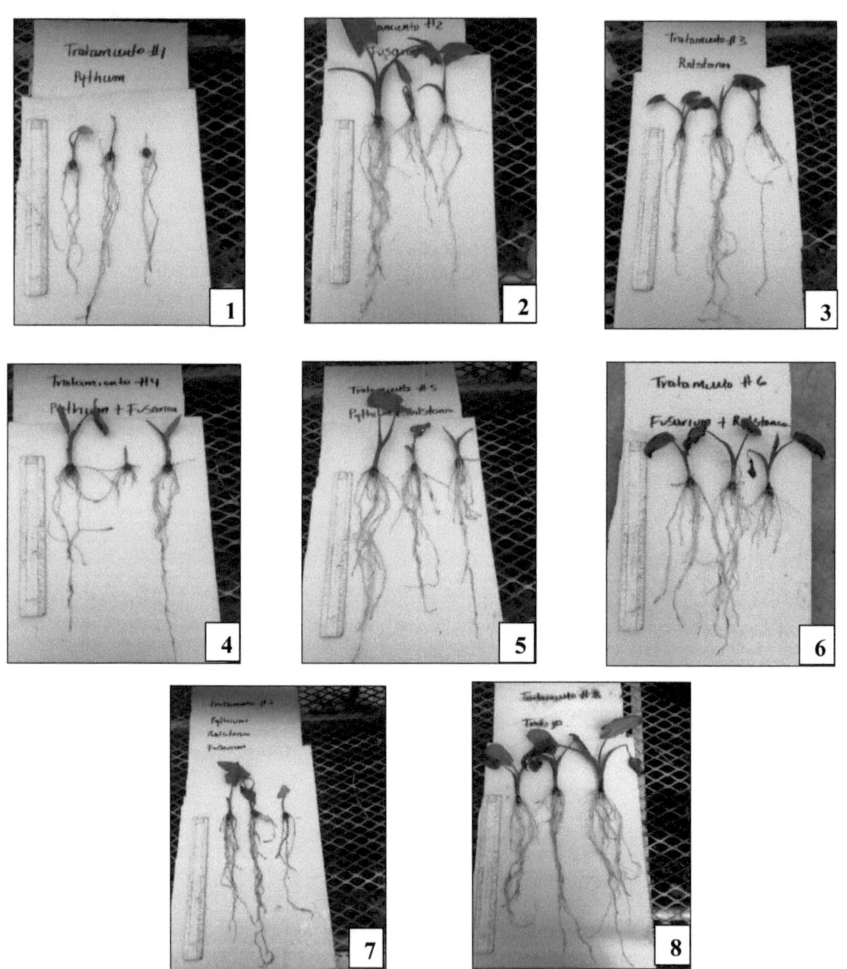

1) *Pythium myriotylum* 2) *Fusarium solani* 3) *Ralstonia solanacearum* 4) *Pythium myriotylum* + *Fusarium solani,* 5) *Pythium myriotylum* + *Ralstonia solanacearum* 6) *Fusarium solani* + *Ralstonia solanacearum,* 7) *Pythium myriotylum* + *Fusarium solani* + *Ralstonia solanacearum,* 8) Testigo absoluto (Sin inoculación de patógenos)

Anexo 8. Promedio, P valor, CV y R^2 de variables de raíces de vitroplantas del cultivar de quequisque Lila establecidas en invernadero de INTA-CNIA a los 7, 21 y 35 ddi, en las Pruebas de patogenicidad aplicando los postulados de Koch.

Tratamientos	Número de raíces afectadas			Número de raíces sanas			Largo de raíces		
	7	21	35	7	21	35	7	21	35
R	0.33 a	0.33 a	0.33 a	13 ab	12 b c	13 a b c	8.78 c d	22.63 ab	19.33 a b
F	0.00 a	0.67 a	0.33 a	14.67 ab	14.33 a b c	18 a	9.71 b c d	12.7 c d	16.97 a b
F+R	0.67 a	0.67 a	0.67 a	16.33 a	11 b c	14.33 a b	5.68 d	24.78 a	19.16 a b
T	0.67 a	0.33 a	0.67 a	13 a b	16.67 a b	15.33 a b	12.27 b c	15.59 b c d	17.28 a b
P+R	6.67 b	6.67 b	9 b	9.67 b	11 b c	13.67 ab	20.2 a	13 c d	22.77 a
P	4.67 b	8.67 b	10.67 b	15.33 a	16.33 b c	4.67 d	9.4 b c d	11.44 d	19.17 a b
P+F+R	4.67 b	6.37 b	11 b	17 a	8.33 c	7.33 c d	13.83 b	20.27 a b c	17.15 a b
P+F	2.67 b	6 b	11 b	17.33 a	20.67 a	9.67 b c d	6.72 d	11.3 d	12.67 b
P valor	**	**	**	NS	*	**	**	*	NS
CV (%)	44.72	54.21	23.95	21.29	26.6	27.8	25.53	28.43	29.16
R^2	0.87	0.8	0.96	0.47	0.61	0.7	0.79	0.63	0.28

CV = Coeficiente de variación (%); **P valor** = Nivel de significancia; **R^2** = Coeficiente de determinación

Anexo 9. Promedio, P valor, CV y R^2 de variables morfológicas de plantas *in vitro* del cultivar de quequisque Lila establecido en invernadero de INTA-CNIA a los 7, 21 y 35 ddi, para las pruebas de patogenicidad aplicando los postulados de Koch.

Tratamientos	Altura de la planta (cm)			Diámetro del Pseudotallo (cm)			Número de hojas sanas			Número de hojas afectadas			Área foliar		
	7	21	35	7	21	35	7	21	35	7	21	35	7	21	35
T	9 a	10.4 a	10.17 a	05 a	1 a	1.27 a	2.67 a	2 a	1.33 a	0.67 a	0.33 a	0 a	28 a	30.97 a	22.24 a b
P+R	9.5 a	10 a	10 a	0.6 a	0.77 a	0.87 ab	3.33 a	2 a	0.67 a	2 a	1a	0.67 a	24.35 a	25.71 a	19.38 a b
F	8.33 a	9 a	9.67 a	0.67 a	0.7 a	1.23 a	3 a	2 a	1.67 a	0.67 a	1.33 a	0.67 a	21.43 a	22.70 a	28.21 a
P+F	7.9 a	12 a	8.17 a	0.53 a	0.97 a	0.77 b	2.67 a	2 a	1 a	1.67 a	1.33 a	0.67 a	20.65 a	41.69 a	12.46 a b
F+R	8.5 a	9.3 a	8.13 a	0.43 a	0.8 a	0.93 ab	3 a	2.36 a	1.33 a	0.33 a	0.67 a	0 a	17.08 a	29.77 a	18.83 a b
R	8.33 a	8.5 a	8 a	0.7 a	0.73 a	0.7 b	3.33 a	2a	1.67 a	1 a	0.33 a	0 a	21.18 a	24.77 a	16.95 a b
P+F+R	7.33 a	9.73 a	7 a	0.47 a	0.77 a	0.57 b	2.67 a	2a	0.67 a	1.67 a	1.33 a	0.67 a	17.43 a	31.41 a	12.57 a b
P	6.2 a	9.9 a	5 a	0.4 a	0.83 a	0.57 b	2.33 a	2.36 a	0.33 a	1.33 a	1.33 a	0.33 a	14.64 a	29.12 a	3.69 b
P valor	NS	NS	NS	NS	NS	*	NS	NS	NS	NS	NS	NS	NS	NS	NS
CV	31.59	30.54	39.89	27.39	26.78	28.2	30.12	32.5	67.94	80.18	67.36	121.72	43.53	50.75	78.36
R^2	0.17	0.14	0.27	0.42	0.24	0.62	0.18	0.06	0.37	0.34	0.39	0.41	0.23	0.18	0.29

Cv = Coeficiente de variación (%); **P valor** = Nivel de significancia; **R^2** = Coeficiente de determinación

Buy your books fast and straightforward online - at one of world's fastest growing online book stores! Environmentally sound due to Print-on-Demand technologies.

Buy your books online at
www.morebooks.shop

¡Compre sus libros rápido y directo en internet, en una de las librerías en línea con mayor crecimiento en el mundo! Producción que protege el medio ambiente a través de las tecnologías de impresión bajo demanda.

Compre sus libros online en
www.morebooks.shop

info@omniscriptum.com
www.omniscriptum.com